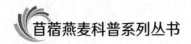

苜蓿燕麦科普系列丛书

燕麦育种篇

MUXU YANMAI KEPU XILIE CONGSHU
YANMAI YUZHONG PIAN

全国畜牧总站 编

中国农业出版社
北 京

MUXU YANMAI KEPU XILIE CONGSHU

苜蓿燕麦科普系列丛书

总 主 编：负旭江
副总主编：李新一　陈志宏　孙洪仁　王加亭

YANMAI YUZHONG PIAN

燕麦育种篇

主　　编　申忠宝　王建丽

副主编　贾志锋　高　超　胡国富　韩微波

参编人员（按姓名笔画排序）

尤　佳　任　伟　刘杰淋　刘泽东　齐　晓

闫　敏　李估恺　邸桂俐　邵麟惠　范淑华

钟　鹏　侯　湃　梅　雨　程　晨

美　　编　申忠宝　王建丽　梅　雨

前　言

　　20 世纪 80 年代初，我国就提出"立草为业"和"发展草业"，但受"以粮为纲"思想影响和资源技术等方面的制约，饲草产业长期处于缓慢发展阶段。21 世纪初，我国实施西部大开发战略，推动了饲草产业发展。特别是 2008 年"三鹿奶粉"事件后，人们对饲草产业在奶业发展中的重要性有了更加深刻的认识。2015 年中央 1 号文件明确要求大力发展草牧业，农业部出台了《全国种植业结构调整规划（2016—2020 年）》《关于促进草牧业发展的指导意见》《关于北方农牧交错带农业结构调整的指导意见》等文件，实施了粮改饲试点、振兴奶业苜蓿发展行动、南方现代草地畜牧业推进行动等项目，饲草产业和草牧融合加快发展，集约化和规模化水平显著提高，产业链条逐步延伸完善，科技支撑能力持续增强，草食畜产品供给能力不断提升，各类生产经营主体不断涌现，既有从事较大规模饲草生产加工的企业和合作社，也有饲草种植大户和一家一户种养结合的生产者，饲草产业迎来了重要的发展机遇期。

　　苜蓿作为"牧草之王"，既是全球发展饲草产业的重要豆科牧草，也是我国进口量最大的饲草产品；燕麦适应性强、适口性好，已成为我国北方和西部地区草食家畜饲喂的主要禾本科饲草。随着人们对饲草产业重要性认识的不断加深和牛羊等草食畜禽生产的加快发展，我国对饲草的需求量持续增长，草产品的进口量也逐年增加，苜蓿和燕麦在饲草产业中的地位日

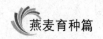

益凸显。

发展苜蓿和燕麦产业是一个系统工程，既包括苜蓿和燕麦种质资源保护利用、新品种培育、种植管理、收获加工、科学饲喂等环节；也包括企业、合作社、种植大户、家庭农牧场等新型生产经营主体的培育壮大。根据不同生产经营主体的需求，开展先进适用科学技术的创新集成和普及应用，对于促进苜蓿和燕麦产业持续较快健康发展具有重要作用。

全国畜牧总站组织有关专家学者和生产一线人员编写了《苜蓿燕麦科普系列丛书》，分别包括种质篇、育种篇、种植篇、植保篇、加工篇、利用篇等，全部采用宣传画辅助文字说明的方式，面向科技推广工作者和产业生产经营者，用系统、生动、形象的方式推广普及苜蓿和燕麦的科学知识及实用技术。

本系列丛书的撰写工作得到了中国农业大学、甘肃农业大学、中国农业科学院草原研究所、北京畜牧兽医研究所、植物保护研究所、黑龙江省农业科学院草业研究所等单位的大力支持。参加编写的同志克服了工作繁忙、经验不足等困难，加班加点查阅和研究文献资料，多次修改完善文稿，付出了大量心血和汗水。在成书之际，谨对各位专家学者、编写人员的辛勤付出及相关单位的大力支持表示诚挚的谢意！

书中疏漏之处，敬请读者批评指正。

YANMAI YUZHONG PIAN

目 录

前言

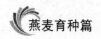

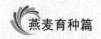

一、常规育种

(一) 常规育种现状

1. 什么是常规育种?

常规育种是育种工作中常用的传统育种技术方法。通常指的是利用系统选育、杂交育种和诱变育种等选育新品种的方法。由于人们对该法具有丰富的实践经验,对其遗传变异规律认识较深,因而选育新品种的把握比较大。虽然许多新的育种方法不断出现,但常规育种法依然在育种工作中发挥着十分重要的作用。

图 1-1 燕麦常规育种技术

2. 常规育种现状怎么样?

燕麦新品种选育主要围绕系统选育、国内外引种和杂交等方法开展。虽然育种进程比较缓慢,但是近几十年来,在新品种选

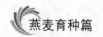

育中取得了一定的成效。20 世纪 50 年代初，我国开始燕麦育种工作，通过对地方品种资源的评价与鉴定，分别筛选了一批优异的新种质，如抗旱品系燕科一号、内燕四号等。20 世纪 50 年代末 60 年代初，我国燕麦育种者开展了裸燕麦品种间杂交技术的研究，并取得成功。20 世纪 60 年代初，我国从加拿大、欧美等国家引进燕麦品种资源。20 世纪 70 年代初，首先从国外引进了抗倒、抗病、高产的皮燕麦，然后与我国原有种质资源进行种间杂交。进入 21 世纪后，燕麦育种技术也有了新的飞越，如四、六倍体种间杂交技术，育成了大批不同用途的新品种。

图 1-2　燕麦常规育种发展历程

（二）选择育种

3. 什么是选择育种?

选择育种就是从自然变异的群体中，在自然和人工创造的变异群体中，根据个体和群体的表现型选优去劣，挑选符合生产需要的基因型，使优良或有益基因不断积累及所选性状稳定遗传下去的过程。任何一种育种方法都要通过诱发变异、选择优株和试验鉴定等步骤。因此，选择是育种过程中不可缺少的环节。

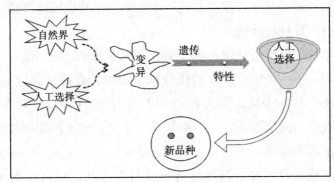

图 1-3　燕麦选择育种

4. 选择育种的基本原则是什么？

选择的主要目的是选拔某一个原始材料中最优良的类型或

图 1-4　燕麦选择育种的基本原则

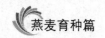

某一类型中最优良的个体。在选择时，通常通过鉴定、比较和分析研究，才能选育出所需要的新品种。

5. 选择育种有几种方法?

燕麦选择育种方法主要包括单株选择法和集团选择法。

（1）单株选择法

单株选择法是从原始群体中选出优良单株，分别编号，单株采种，下一代每个单株后代分株系播种，在选种试验圃中，每个株系种一小区，通常每隔 5 个或 10 个株系设一对照区。根据表现，淘汰不良株系。单株选择法主要包括一次单株选择法和多次单株选择法。一次单株选择法：在大田或原始材料圃里，从原始的群体中选择符合育种目标性状的优良变异个体（单株或单穗），每株或每穗分别收获、脱粒和贮藏，进行多年选择，选育出优良的燕麦新品种。

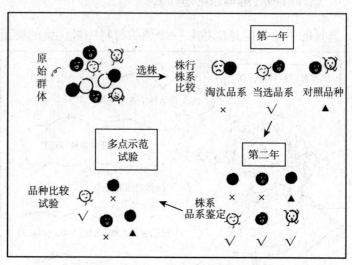

图 1-5　燕麦一次单株选择法育种

多次单株选择法是在一次单株选择的后代中，继续选择优良的或变异的单株或单穗，分别收获、脱粒、种植，进行比较鉴定，选优去劣，多次重复选择，直到性状一致时，再与对照品种进行比较，选出优良品种。

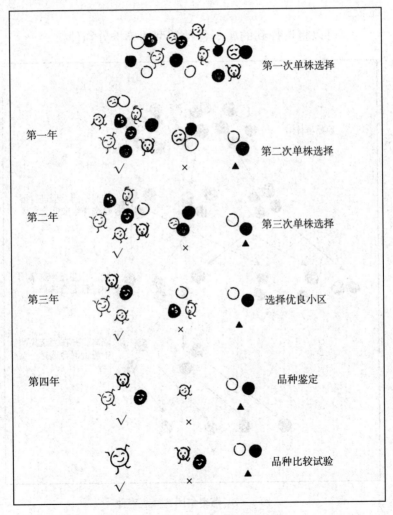

图 1-6　燕麦多次单株选择法育种

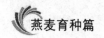
（2）集团选择法

集团选择法是将一个混杂的群体，根据不同的性状（如早熟、晚熟、有芒、无芒等）分别选择属于各种类型的单株，最后将同一类型的植株混合脱粒，组成几个集团进行鉴定和比较。

也可以将选择到的属于各种类型的单株分别种植。

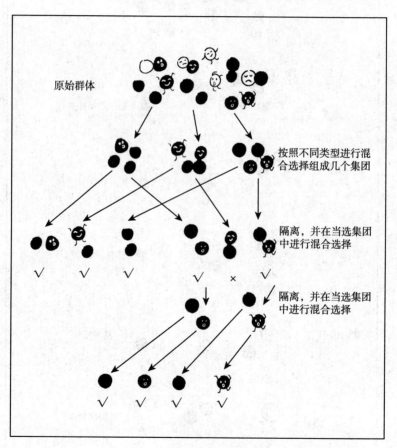

图1-7　燕麦集团选择法育种

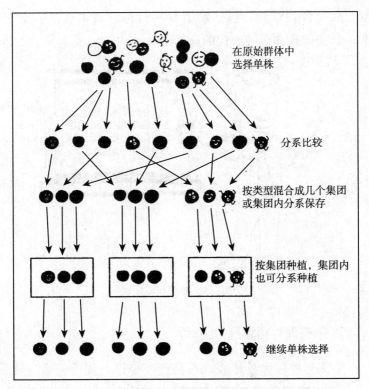

在原始群体中
选择单株

分系比较

按类型混合成几个集团
或集团内分系保存

按集团种植，集团内
也可分系种植

继续单株选择

图 1-8　燕麦集团选择法（单株选择）育种

（三）杂交育种

6. 什么是杂交育种?

　　杂交育种是将两个或多个品种的优良性状通过交配集中在一起，再经过选择和培育，获得新品种的方法。杂交可以使双亲的基因重新组合，形成各种不同的类型，为选择提供丰富的材料。杂交育种可以将双亲控制不同性状的优良基因结合于一体，产生在各该性状上超过亲本的类型。工作开始以前，必须

拟定杂交育种计划，包括制定育种目标、亲本选配、杂交技术、杂交方式和杂种后代的选择等。

图1-9　杂交育种计划

7. 杂交育种有哪几个目标？

杂交育种目标具体表现在高产、稳产、优质、适应性强、

图1-10　燕麦杂交主要育种目标

抗病虫害及除草剂、不同成熟期、适于机械化生产等几个方面。应根据各地生产发展的需要、生态条件和利用特点来确定育种目标，同时根据不同育种目标确定目标性状。兼顾上述诸方面，培育出集高产优质为一体，具有多抗、适应性强的燕麦新品种是今后国内外燕麦品种改良的重要目标。

(1) 高产、稳产

燕麦产量构成因素主要包括株高、单株分蘖数、茎粗、主穗长、主穗小穗数、主穗粒数、主穗粒重、轮层数、千粒重等，饲草生产还应包含叶片数量、大小、厚薄等。

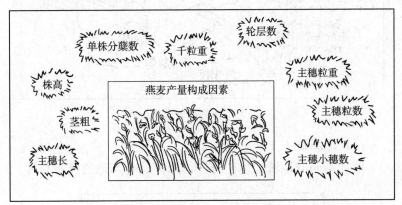

图 1-11 燕麦产量构成因素

图 1-12 燕麦高产

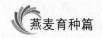

(2) 优质

燕麦饲草品质指标主要包括粗蛋白、粗脂肪、中性洗涤纤维、酸性洗涤纤维、相对饲用价值、可溶性糖含量等。

图 1-13 燕麦优质育种目标

(3) 适应性

根据不同的地域、生产条件，选择适合当地的燕麦品种。

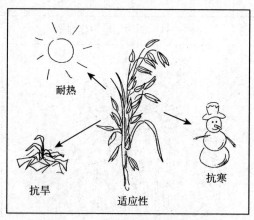

图 1-14 燕麦适应性育种目标

（4）抗病虫害和除草剂

主要是选择对病虫害和除草剂的抗耐性较好的品种。

（5）不同成熟期

选择不同抽穗期、开花期、灌浆期、成熟期的燕麦新品种。

图 1 - 15　不同成熟期燕麦

（6）适于机械化生产

选择株型紧凑、抗倒伏性强、成熟期一致的燕麦新品种。

图 1 - 16　机械化收获

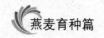
8. 杂交亲本如何选择?

正确地选配杂交亲本是杂交育种成败的关键。亲本选配原则得当,才能选育出所期望的新品种,并能加速杂交育种的进程,缩短育种年限。选配亲本的原则一般有以下几点:亲本应该具有较多优点、较少的缺点,亲本间优缺点应尽量得到互补;亲本中必须有一个是能够适应当地条件的品种;亲本之一主要目标性状上应突出,亲本性状中应没有难于克服的不良性状;亲本间遗传差异应较大;亲本优良性状的遗传力应较高,不良性状的遗传力应较低;亲本一般配合力要高。

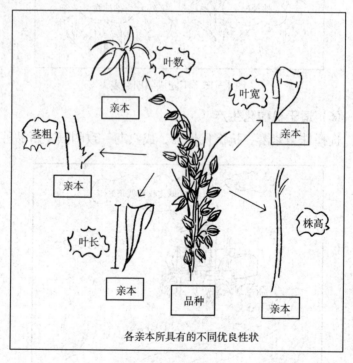

各亲本所具有的不同优良性状

图1-17 燕麦亲本选择

9. 杂交前需要做哪些准备?

主要进行熟悉开花习性、制定杂交计划、准备杂交工具和做好花期调整等 4 方面的工作,其中熟悉开花习性和做好花期调整工作尤为重要。

(1) 熟悉燕麦的开花习性

燕麦是自花授粉植物,异交率低于 1%。燕麦为圆锥花序,开花顺序是从花序上部小穗依次向下开放,即先露出叶鞘的小穗先开花。每个小穗小花的开放顺序是自下而上,即基部的小花先开。小花开放前,子房基部呈白色透明的 2 个浆片吸水膨胀,使包被小花的内外稃张开。雄蕊(3 枚)的花丝先伸长,花药由绿变黄,其顶形成裂缝,成熟的花粉散落于二裂羽毛状的雌蕊(1 枚)柱头上,并开始萌发,长成花粉管,将精子传入胚珠与卵子结合成受精卵,开始形成籽粒。受精后的柱头凋萎,内外稃和护颖闭合,授粉完毕。

(2) 做好花期调整

在燕麦杂交育种过程中,因父母本生物学特性的差异,造

图 1-18　燕麦亲本选择

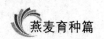

成花期不相遇，会影响杂交工作的进行。这时应该在了解父母本开花时间差的情况下，采取相应的措施调节花期，使父母本花期相遇，便于杂交。实践证明，对燕麦最有效的办法是采取提早或延期播种，即分期播种法调节花期。

10. 杂交技术主要包括哪几个环节？

燕麦杂交育种者都应该掌握最基本的杂交技术环节，即选株、整穗、去雄和授粉。具体步骤如下：

选株：选生长健壮、发育良好的植株作为母株。

整穗：该工作在燕麦抽穗期的上午进行。在母本行中选择刚抽出 8～10 个小穗的健壮植株进行整穗。

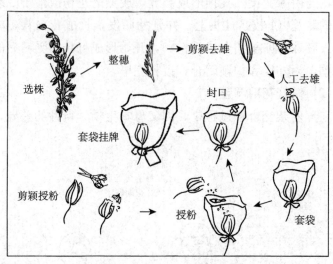

图 1-19　燕麦杂交技术流程

剪颖去雄：对留下的小穗予以剪颖。剪去整个小穗的 2/3 或 3/4，即只留下基部的第 1 朵小花并露出其花药，进行人工去雄、套袋（羊皮纸袋长 15cm，宽 8cm）。

剪颖授粉：该工作于抽穗期的下午开花散粉盛期进行。在父本行中选择抽出 10～15 个小穗的健壮植株，将果穗剪下并整穗，留下即将开花的小穗予以剪颖，剪下小穗的 1/4 即可，以便花粉易从剪口处散出。把整好的父本果穗与去雄的母本果穗并在一起套入袋内令其自行授粉。

11. 杂交方式有哪些？

燕麦杂交方式主要包括两亲杂交和多亲杂交。

（1）两亲杂交

指参加杂交的亲本只有两个，主要包括单交和回交。单交分为正交、反交，A×B 或 A/B，方法简便，变异较易控制，杂交群体和后代群体规模小。

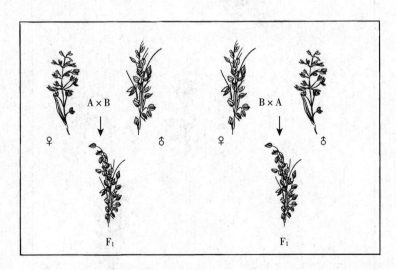

图 1-20　燕麦单交育种

回交是杂交第一代及其以后世代与其亲本之一再进行杂交的方式。

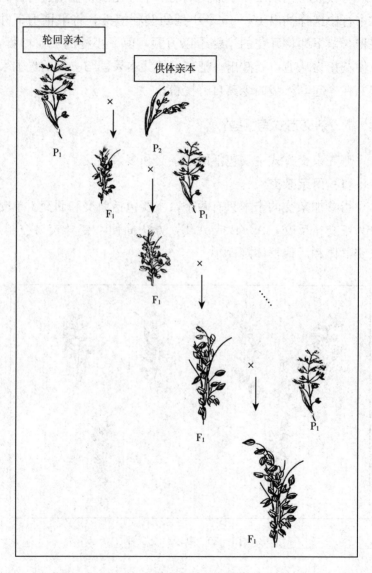

图 1-21 燕麦回交育种

(2) 多亲杂交

参加杂交的亲本为 3 个或 3 个以上的杂交，又称复合杂交或复交，主要包括添加杂交、合成杂交和多父本授粉。

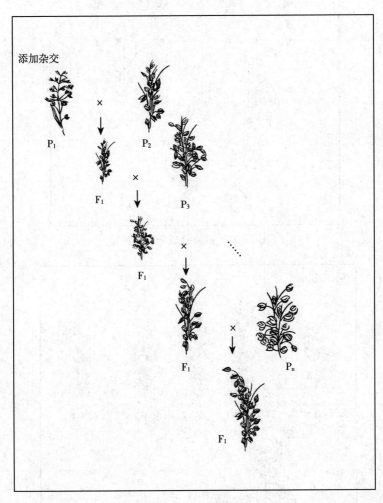

图 1-22 燕麦添加杂交育种

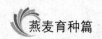
合成杂交

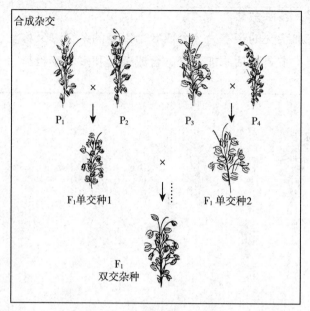

图1-23 燕麦合成杂交育种

多父本授粉

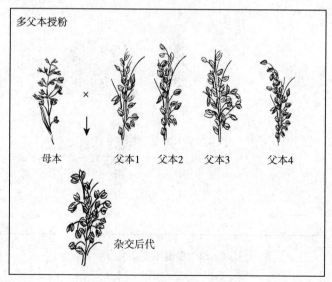

图1-24 燕麦多父本杂交育种

12. 杂交后代怎么选择?

燕麦属于自花授粉植物,杂种后代的性状分离不像异花授粉植物那样强烈,一般经过 4～5 代能基本稳定下来。燕麦杂种后代的选择处理通常采用系谱法、混合法和衍生系统法。

(1) 系谱法

该方法是从杂种第一分离世代（F_2）选单株,从 F_3 世代开始分别种植成行,以后每个世代都在优良系统中选择优良植

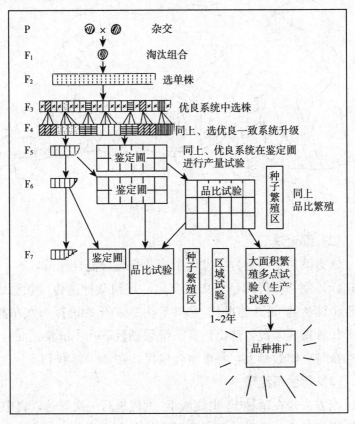

图 1-25 系谱法选择燕麦的杂交后代

株,一直到优良个体表现整体一致、性状不再分离,最后把选出的理想品系与当地的优良品种或原亲本进行产量、品质及抗性等方面的比较鉴定试验,凡是达到选育目标的品系就可以在生产中繁殖推广。在选择的过程中,各世代均进行系统编号,以便于查找系统历史。

图 1-26 系谱法选择优点

(2) 混合法

该方法是在杂种分离世代中按杂交组合混合种植,不予人工选择,使杂种群体经自交纯合化,直到杂种遗传性状稳定,纯合个体数达 80% 的世代(6~8 代)才开始选择一次单株,下一代种植成系统,选出优良系统后进行下一步试验。混合法要求杂种群体数量大,每个组合应保持在 20 000 株以上。

(3) 衍生系统法

该方法是在杂种 F_2 世代或 F_3 世代进行一次株选,将中选单株成行种植、记录编号,以便于各世代按其单株后代的自交

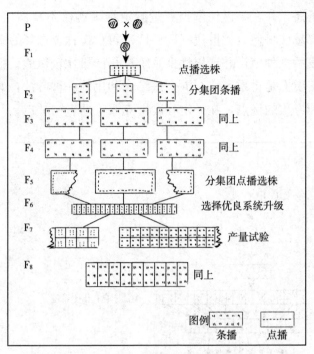

图 1-27　混合法选择燕麦的杂交后代

图 1-28　混合法选择优点

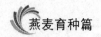

群体条播，并在各世代依据产量测定结果淘汰不良衍生系统，直至产量性状稳定的世代（$F_5 \sim F_6$）再行选株。选择后第二年各株按系统种植，并选出优良系统进行产量比较试验。衍生系统法实质上是将系谱法与混合法结合利用的一种方法，兼有以上两种方法的优点，在一定程度上克服了两者的缺点。

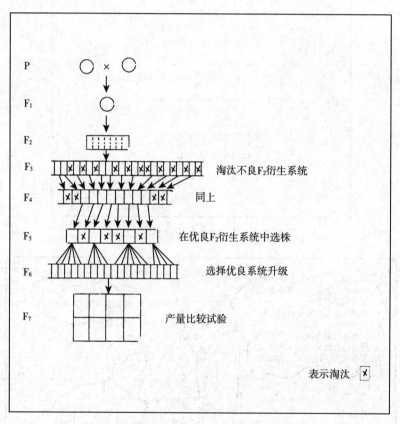

图 1-29　衍生法选择燕麦的杂交后代

总而言之，在杂种后代处理过程中，可以根据具体情况灵活运用上述 3 种方法。既可以采用一种方法，也可以几种方法交替使用或同时并用，最终达到筛选优良品种的目的。

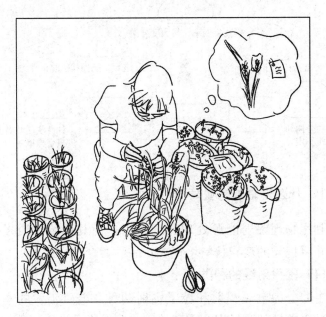

图 1-30　燕麦杂交

（四）诱变育种

13. 什么是诱变育种？

诱变育种是人工利用多种物理因素（如 x 射线、γ 射线、中子等具有辐射能的射线）或化学因素（如烷化剂、叠氮化物等化学诱变剂）来处理燕麦材料，使燕麦发生基因突变，选择其优良突变体培育成新品种的育种方法。它是杂交育种的重要补充和难以取代的育种手段。人工诱变育种的技术措施主要包括辐射诱变、化学诱变和空间诱变。

诱变育种主要有 5 个特点：

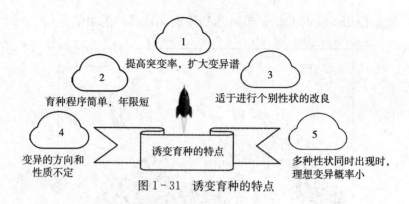

图 1-31　诱变育种的特点

（图中内容）

1　提高突变率，扩大变异谱

2　育种程序简单，年限短

3　适于进行个别性状的改良

4　变异的方向和性质不定

诱变育种的特点

5　多种性状同时出现时，理想变异概率小

14. 什么是辐射诱变育种?

利用物理辐射能源处理燕麦材料，使其遗传物质发生改变，并将优异的变异材料培育成新品种的育种方法。

（1）辐射射线的种类

主要分为电磁辐射和粒子辐射两种。电磁辐射的本质是波，是以电场和磁场交变震荡的方式穿过物质和空间而传递能量的射线。粒子辐射的本质是粒子，一种高速运动的粒子流，

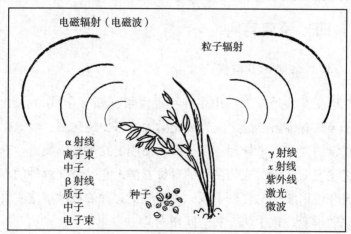

电磁辐射（电磁波）

粒子辐射

α 射线
离子束
中子
β 射线
质子
中子
电子束

γ 射线
x 射线
紫外线
激光
微波

种子

图 1-32　辐射射线的种类

通过损失自己的动能把能量传递给其他物质。

（2）辐射材料的选择

选择辐射的燕麦材料要选择综合性状好，个别性状需要改善，易产生不定芽，对辐射较为敏感。一般来说，燕麦不同器官的敏感性为茎＞愈伤组织＞丛生芽＞生根小苗＞种子。

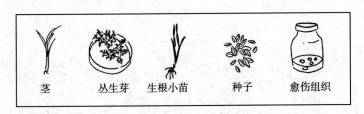

茎　　丛生芽　生根小苗　　种子　　愈伤组织

图 1-33　辐射材料的选择

（3）辐射处理的主要方法

辐射处理分为外辐射和内辐射。外辐射主要是来自外部的某一辐射源，通常用 x 射线、γ 射线、β 射线，快中子或热中子，外辐射处理燕麦的主要部位有干种子、花粉、愈伤组织及植株；内辐射指辐射源被引进到燕麦内部的辐射，辐射源通常为 32p 和 36s 等放射性同位素，内辐射处理浸泡过的燕麦种子。

外辐射通常用X射线、γ 射线、β 射线，快中子或热中子处理

内辐射辐射源通常为32p和36s等放射性同位素

图 1-34　辐射处理的主要方法

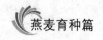

15. 什么是化学诱变育种?

利用化学诱变剂诱发植物产生遗传变异，以选育新品种的育种方法。

图 1-35　辐射材料的选择

(1) 化学诱变剂的种类

主要包括秋水仙碱、烷化剂（硫酸二乙酯、甲基磺酸乙

叠氮化物类无机化合物

抗生素类

化学诱变剂种类

核酸碱基类似物

秋水仙碱、烷化剂等

图 1-36　化学诱变剂的种类

酯、甲基磺酸甲酯等)、核酸碱基类似物 (5-嗅尿嘧啶、5-嗅去氧尿核苷、马来酰肼等)、抗生素类、叠氮化物类无机化合物等。

(2) 化学诱变材料的选择

选择燕麦化学诱变材料也要选择综合性状好,个别性状需要改善,较为敏感的材料。一般来说,燕麦化学诱变材料主要选择种子、植株、小苗、花粉等。

图 1-37 化学诱变材料

(3) 化学诱变剂处理的方法

化学诱变剂处理主要分为前处理、诱变处理和后处理三个步骤。在诱变处理燕麦材料之前将材料进行清水浸泡可以加速渗入、缩短处理时间。化学诱变处理方法主要包括注入法、滴液法、熏蒸法、施入法和浸种法。

注入法

顶芽或侧芽

滴液法

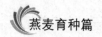

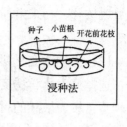

图 1-38 化学诱变剂处理的方法

诱变处理后，对处理的材料用流水冲洗（一般冲洗 10～30min）或用一些化学"清除剂"来终止诱变剂发挥作用。

16. 什么是空间诱变育种?

空间诱变育种指植物在宇宙空间中会受到高真空、微重力、强射线、高能粒子辐射和交变磁场等的影响，引起植物染

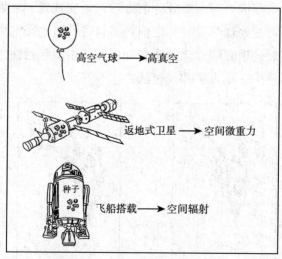

图 1-39 空间诱变的搭载方式

色体的畸变进而产生的性状变异，会直接影响植物的生长、发育及衰老等，可以获得优良的种质。空间诱变的搭载方式主要有高空气球、返地式卫星和飞船搭载。高真空使植物在高空或缺氧的特殊环境里产生突变。高空微重力使植物的种子经空间飞行器处理后被宇宙射线离子击中，种子的细胞内部就会发生变化，导致最终变异。空间辐射可以非常有效地引起细胞内遗传物质 DNA 分子的双链断裂和细胞膜结构改变。

17. 诱变育种程序包括哪几个环节？

（1）先进行诱变世代的划分

经诱变处理的种子播种后成长的植株称为第一代，辐射诱变和化学诱变以 M_1 表示，空间诱变以 SP_1 表示。当诱变处理的对象是植株，则诱变的植物为 M_1 或 SP_1 世代。

（2）M_1 或 SP_1 代的种植和选择

从遗传上看，M_1 或 SP_1 是由诱变直接处理当代细胞衍生而来的，多为复杂的突变嵌合体，一般不作选择。M_1 或 SP_1 代高密度种植，控制分蘖。燕麦的主穗突变率比分蘖穗突变率高，只收主穗。为了防止 M_1 或 SP_1 天然杂交，最好能套袋，

图 1-40　M_1 或 SP_1 代的选择

或将不同品种的群体隔离种植。

（3）M₂ 或 SP₂ 代的种植和选择

M_2 或 SP_2 为主要的分离和选择世代。由于 M_2 或 SP_2 出现叶绿素突变等无益突变较多，所以必须种植足够的群体。可以采用穗行法或混合进行播种。

图 1 - 41　M₂ 或 SP₂ 代的选择

（4）M₃ 或 SP₃ 及其后代的种植和选择

对田间初步中选的株系小区进行考查和分析，最后根据田

图 1 - 42　M₃ 或 SP₃ 代的选择

间观察和室内分析决选，把进入决选的株系进行混合脱粒。

（5）M₄ 或 SP₄ 及后代的选择

M_4 或 SP_4 代起进入品系鉴定，以优良的推广品种为对照，进行比较，选优去劣。将中选的品系在下一年进行品比试验、多点区试和生产试验。

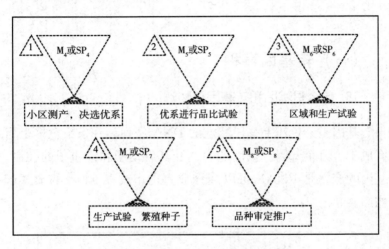

图 1-43　M_4 或 SP_4 及后代的选择

二、现代生物技术育种

（一）转基因育种

18. 什么是基因和转基因植物?

基因是染色体上一段特定的 DNA 序列。一条染色体上可有成千上万个基因。基因的表达受其启动子和终止子的控制。基因的产物是 RNA，可以翻译成蛋白，或以 RNA 的形式起作用。

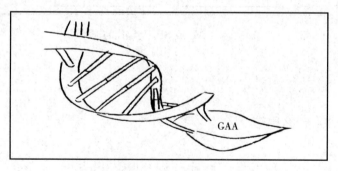

图 2-1　植物基因片段

转基因植物是指将从其他植物或生物个体中分离出的目的基因，导入到植物的基因组中，并且可以稳定遗传给下一代的一类植物。转基因植物通常具有高产优质、抗病虫、抗逆性、抗除草剂、耐贮存等优良性状。转基因植物需要经过严格的审批和监管程序才能上市。

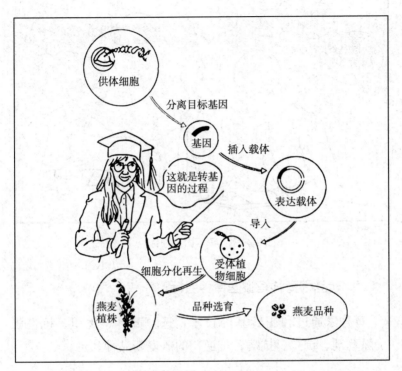

图 2-2 转基因过程

19. 什么是转基因育种?

根据育种目标,从供体生物中分离目的基因,通过农杆菌介导或花粉管介导等遗传转化方法直接转入受体作物,经过筛选获得稳定表达的转基因植株,并经过有控条件下的安全性评价、田间试验与大田选择育成转基因新品种或种质资源。

转基因育种主要有以下 5 个优点:

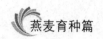

图 2-3　转基因育种优点

20. 转基因育种有哪些育种目标?

育种家通过利用转基因技术，选育高产、优质、抗性强（抗除草剂、抗虫、抗病、抗逆）的燕麦新品种。

图 2-4　转基因育种目标

21. 选择受体材料的原则是什么?

育种家选择经过多年适应性筛选与评价，且高产、优质、抗性强（抗除草剂、抗虫、抗病、抗寒、抗旱）的燕麦种质资源进行转基因育种研究。

图 2-5　如何选择受体材料

受体材料需具备的条件：

（1）高效稳定的再生能力；

（2）较高的遗传稳定性；

（3）有稳定的外植体来源；

（4）对筛选剂敏感；

（5）能够接受外源基因，并通过基因重组等途径使外源基因稳定地插入植物染色体组，转化率高。

图 2-6　受体材料需具备的条件

22. 基因转化方法有哪些?

基因转化的方法主要包括农杆菌介导转化法、电击法、基因枪转化法和花粉管通道法等。

图 2-7　基因转化方法

23. 农杆菌介导转化法怎么做？

农杆菌的 Ti 质粒可以作为载体。Ti 质粒上有两个区域，一个是 T–DNA 区，能够转移并整合进植物受体的区段，另一个是 Vir 区，它是编码实现质粒转移所需的蛋白质。将待转化的外源基因先克隆在大肠杆菌质粒上，然后将此质粒转入不会引起瘿瘤的农杆菌，使外源基因通过同源重组整合在 Ti 质粒上，然后用带有外源基因的这种农杆菌去转化植物细胞，将外源基因转入植物细胞的基因组。

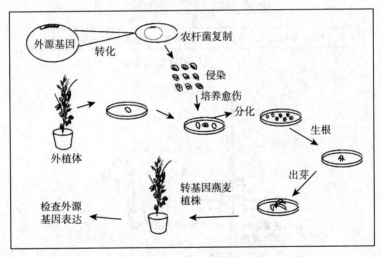

图 2-8　农杆菌介导遗传转化法

24. 基因枪转化法怎么做？

将包含目的基因的载体包被在微小的金属颗粒表面，通过高压驱动力加速微粒穿透植物细胞壁，导入受体组织细胞内，然后通过组织培养再生出完整的植株。微粒上的外源 DNA 进入细胞后，整合到染色体上并得到表达，从而实现基因的转化。

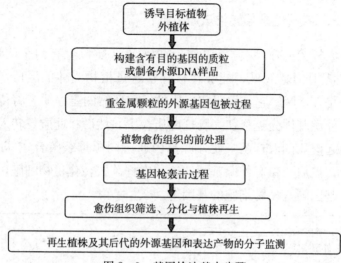

图 2-9　基因枪法基本步骤

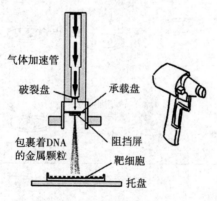

图 2-10　基因枪介导转化法

25. 花粉管通道法怎么做?

花粉管通道法是利用开花植物授粉后形成的花粉管通道,直接将外源目的基因导入尚不具备正常细胞壁的卵、合子或早期胚胎细胞,实现目的基因转化。

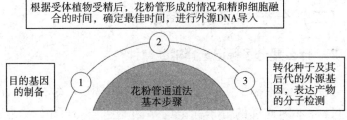

图 2-11 花粉管通道法基本步骤

26. 转基因新品种选育程序是什么?

转基因新品种选育程序如图 2-12。

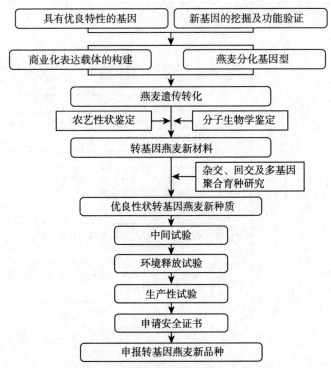

图 2-12 转基因燕麦新品种选育程序

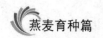

（二）分子标记选择辅助育种

27. 什么是分子标记选择辅助育种?

利用分子生物学手段在传统育种程序中直接对目标基因或与目标基因连锁的分子标记的基因型进行分子选择，或在回交、多重回交程序中，对多个目标基因型进行分子选择，实现基因聚合、基因渗入，通过前景选择和背景选择，获得目标基因型纯合、遗传背景一致、综合农艺性状优良的品系。

分子标记主要有以下 6 个优点:

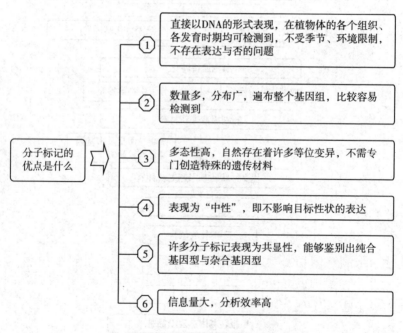

分子标记的优点是什么

① 直接以DNA的形式表现，在植物体的各个组织、各发育时期均可检测到，不受季节、环境限制，不存在表达与否的问题

② 数量多，分布广，遍布整个基因组，比较容易检测到

③ 多态性高，自然存在着许多等位变异，不需专门创造特殊的遗传材料

④ 表现为"中性"，即不影响目标性状的表达

⑤ 许多分子标记表现为共显性，能够鉴别出纯合基因型与杂合基因型

⑥ 信息量大，分析效率高

图 2-13　分子标记的优点

28. 分子标记类型有哪些?

依据对 DNA 多态性的检测手段,DNA 分子标记可分为限制性内切酶片段长度多态性标记、随机扩增多态性 DNA 标记、简单重复序列标记、扩增片段长度多态性标记、单核苷酸多态性标记等 5 类。

图 2-14　分子标记的类型

29. 限制性内切酶片段长度多态性标记(RFLP 标记)怎么做?

限制性内切酶能识别并切割基因组 DNA 分子中特定的位点,如果因碱基的突变、插入、缺失或染色体结构的变化而导致生物个体或种群间该酶切位点的消失或新的酶切位点的产生,那么利用特定的限制性内切酶切割不同个体的基因组 DNA 就可以得到长短、数量和种类不同的限制性

DNA 片段，通过电泳和 Southern 杂交转移到硝酸纤维素膜或尼龙膜上，选用一定的 DNA 标记探针与之杂交，放射自显影后就可得到反映个体特异性的 DNA 限制性片段多态性图谱。

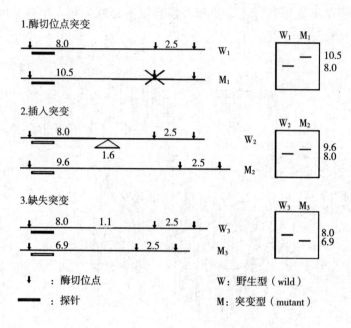

图 2-15 RFLP 标记多态性的分子基础

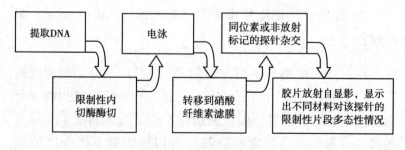

图 2-16 RFLP 标记步骤

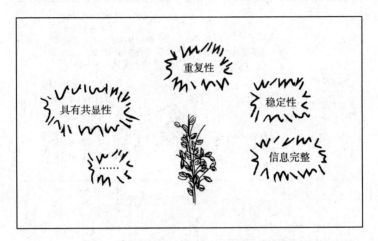

图 2 - 17　RFLP 标记优点

30. 随机扩增多态性 DNA 标记（RAPD 标记）怎么做？

RAPD 标记是用随机排列的寡聚脱氧核苷酸单链引物（长度为 10 个核苷酸）通过 PCR 扩增染色体组中的 DNA 所获得的长度不同的多态性 DNA 片段。

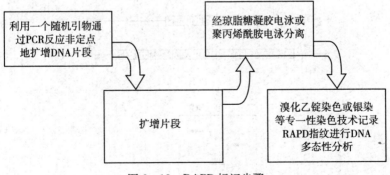

图 2 - 18　RAPD 标记步骤

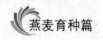

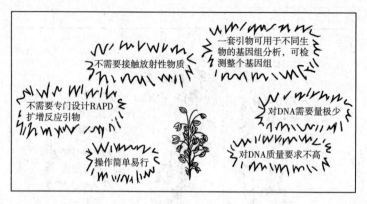

图 2-19 RAPD标记的优点

31. 简单重复序列标记（SSR标记）怎么做？

SSR标记是在 DNA 上重复的 1～6 个碱基对序列（AG)n、
（AC)n 或（TCT)n 的形式存在。微卫星序列的特点，是其具
有高度保守性。SSR 使用在遗传学分子标记、亲缘关系研究、
群体分化遗传研究和其他多方面研究中，它们也可以用来研究

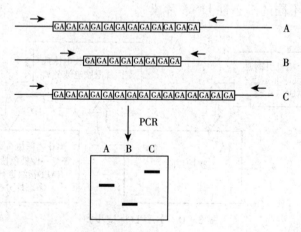

图 2-20 SSR多态性分析原理示意图（A、B、C 分别是不同基因型）

基因重复或缺失。虽然 SSR 在基因组上的位置不一样，但保守的单拷贝序列常常位于两端序列，因此可以先通过 PCR 技术，再通过聚丙烯酰胺凝胶电泳，将微卫星区域特定顺序设计成对的引物，在同一个体中显示 SSR 位点的多态性。

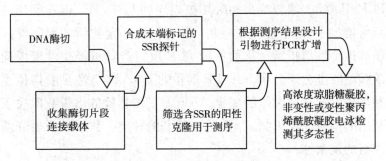

图 2-21　SSR 标记试验步骤

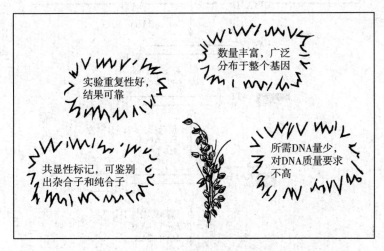

图 2-22　SSR 标记优点

32. 扩增片段长度多态性标记（AFLP 标记）怎么做？

通过对基因组 DNA 酶切片段的选择性扩增来检测 DNA

酶切片段长度的多态性。首先用两种能产生黏性末端的限制性内切酶将基因组 DNA 切割成分子量大小不等的限制性片段，然后将这些片段和与其末端互补的已知序列的接头连接，所形成带接头的特异片段用作随后的 PCR 反应的模板。所用的 PCR 引物 5'端与接头和酶切位点序列互补，3'端在酶切位点后增加 1～3 个选择性碱基，使得只有一定比例的限制性片段被选择性地扩增，从而保证 PCR 反应产物可经变性聚丙烯酰胺凝胶电泳来分辨。AFLP 揭示的 DNA 多态性是酶切位点和其后的选择性碱基的变异。AFLP 扩增片段的谱带数取决于采用的内切酶及引物 3'端选择碱基的种类、数目和所研究基因组的复杂性。

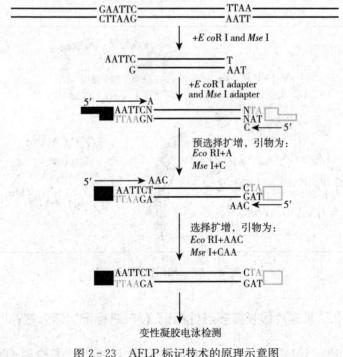

图 2-23　AFLP 标记技术的原理示意图

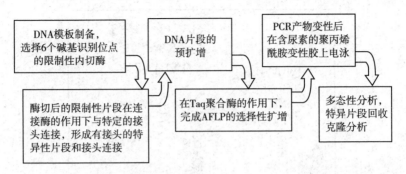

图 2-24　AFLP 标记试验步骤

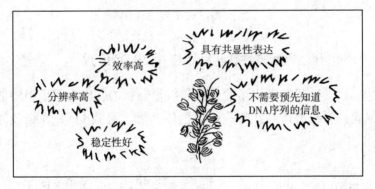

图 2-25　AFLP 标记优点

33. 单核苷酸多态性标记（SNP 标记）怎么做？

SNP 是指单个核苷酸的变异引起的 DNA 序列多态性，SNP 在大多数基因组中存在较高的频率。这种类型的 DNA 多态性仅有两个等位基因的差异，所以 SNP 的最大的杂合度为 50%。尽管单一的 SNP 所提供的信息量远小于现在常用的遗传标记，但是 SNP 数量丰富，可以进行自动化检测，因此，SNP 具有广泛的应用前景。

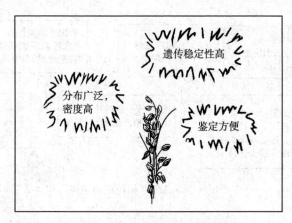

图 2 - 26 SNP 标记优点

34. 什么是数量性状基因定位（QTL 定位)?

数量性状基因座指的是控制数量性状的基因在基因组中的位置或影响数量性状的一段染色体区域。寻找 QTL 在染色体

图 2 - 27 QTL 定位

上的位置并估计其遗传效应的过程，称为 QTL 作图或定位。QTL 定位是数量遗传学研究的重点，也是动植物数量性状遗传分析的主要方法。QTL 定位实质上就是分析分子标记与 QTL 的连锁关系，通过计算分子标记与 QTL 位点之间的交换率，把目标基因/QTL 定位在遗传图谱上，并分析估计其遗传效应。

35. 什么是遗传图谱？

遗传图谱又叫连锁图谱，是指对遗传重组结果进行连锁分析得到的基因标记或其他遗传标记在染色体上相对位置的排列图。

通过构建分子标记的遗传连锁图谱，可以知道不同分子标记在染色体上的相对位置或排列情况。

构建遗传图谱，首先要选择合适的亲本及分离群体，亲本之间的差异不宜过大，否则会降低所建图谱的准确度和适用性。

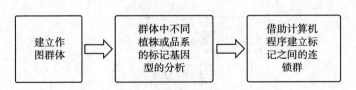

图 2-28　遗传图谱构建主要环节

36. 怎样利用分子标记筛选燕麦新品种？

首先对 QTL 定位到的分子标记进行筛选，利用独立验证的方法将一个群体中检测到的标记用另外一个群体验证，从而获得性状相关的准确分子标记。在保证标记准确率的前提下，增加标记量能够提高选择的效果。

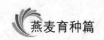
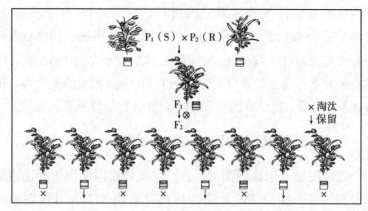

图 2 - 29　利用分子标记筛选燕麦新品种

（P₁ 为不含优质基因的亲本，P₂ 为含优质基因的亲本）

37. 分子标记辅助选育程序是什么？

图 2 - 30　燕麦分子标记辅助选择育种程序

三、新品种审定（登记）程序

（一）常规育成新品种审定（登记）程序

38. 新品种性状鉴定试验怎么做？

将选种圃升级和上年鉴定圃留级的材料进行种植。采用条播，株行距及密度接近大田生产。其任务是对这些材料进行产量比较、鉴定其一致性及进一步对各种性状进行观察比较，从中选择优良品系。鉴定圃品系较多，试验面积较小，重复 2～3 次，多采用顺序排列法，一般进行 1～2 年。

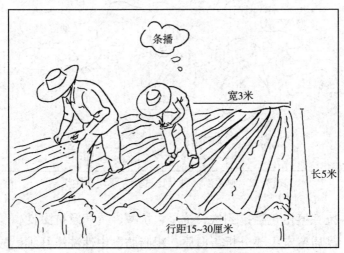

图 3-1 燕麦新品种性状鉴定试验

39. 新品种比较试验怎么做?

由鉴定圃升级的优良品系,在较大的小区面积上进行更精准、更有代表性的产量比较试验,称为品种比较试验。在此试验中还要求对品种的生物学特性、抗逆性、丰产性、营养成分、栽培要求等作更为详尽和全面的研究,选出符合育种目标的新品种。在选种圃阶段,表现特别优良的品系可以不经过鉴定圃阶段直接升入品种比较试验。

品种比较试验阶段品种数目相对较少,小区面积较大,重复4～5次,多采用随机区组设计,试验一般进行2～3年。在选种圃或鉴定圃发现特别优异的品系或品种,就可以加速繁殖种子。

图 3-2 燕麦新品种品比试验主要调查性状

抗性鉴定包括抗倒伏、抗旱、抗寒、抗病及抗虫性。

品质鉴定主要分析蛋白质、粗脂肪、中性洗涤纤维、酸性洗涤纤维、粗灰分等。

图3-3　燕麦新品种品比试验抗性鉴定

图3-4　燕麦新品种品比试验品质鉴定

40. 新品种区域试验和生产试验主要任务是什么？

当育成的品种经过品种比较试验，初步证明它们具有一定的适应性和丰产性，且在产量上或某个特性上能超过现有栽培品种，确有推广价值时，需要申报参加草品种区域试验，经专家评审通过后，下一年开始进行品种区域试验。区域试验的主要任务是确定新品种的利用价值、适应性、最适栽培条件和最

适宜的地区。

图 3-5　燕麦新品种区域试验主要任务

　　区域试验一般为 3～4 年。对于各方面表现不好的品种可以淘汰。对有希望的品种，可以提前进行示范繁殖，使生产试验、示范、繁种几项工作同时进行。这样，在品种审定合格、确定推广时，可以迅速推广。

图 3-6　国家草品种区域试验站

生产试验和区域试验可同时进行。

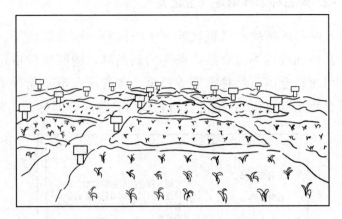

图 3-7　燕麦新品种区域试验

41. 新品种申报程序提供哪些资料？

育种者提出申请并备有以下材料，报送草品种审定委员会
审定：

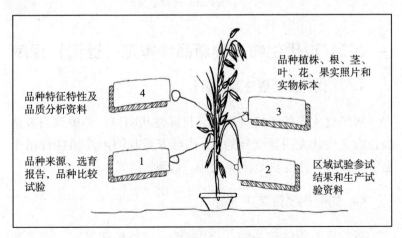

图 3-8　燕麦新品种申报程序提供的资料

42. 新品种怎样审定（登记）?

经过品比试验、区域试验、生产试验，对表现优异、产量、品质和抗性等符合推广条件的新品种，按照育种审定程序，可报请全国草品种审定委员会、各省区、市草品种审定委员会审定（登记），审定合格正式命名推广，即称为品种。

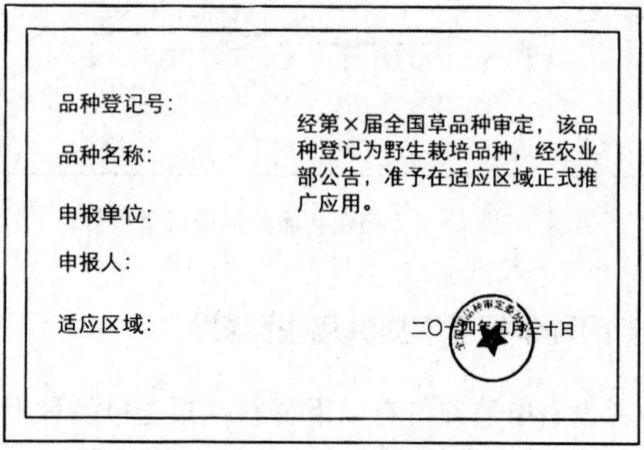

品种登记号：
品种名称：
申报单位：
申报人：
适应区域：

经第×届全国草品种审定，该品种登记为野生栽培品种，经农业部公告，准予在适应区域正式推广应用。

二〇一四年五月三十日

图 3-9　燕麦新品种审定登记

（二）现代生物育种新品种审定（登记）程序

43. T_0 代种植需要注意什么?

将经过鉴定的单拷贝插入、目标性状明显，外源基因表达高且农艺性状无明显变异的 T_0 代燕麦转基因阳性植株种植于温室或室外，注意做好隔离措施，收种。

44. 如何简易筛选 T_1 代?

将收集的阳性转基因 T_1 代种植，进行植株鉴定，剔除非转基因燕麦植株，收集 T_1 代阳性转基因燕麦植株的种子。

45. 如何获得转基因纯系？

按照以上步骤，种植 $T_2 - T_6$ 代转基因燕麦，收种。通常在 6～7 代后，可以获得目标性状纯合的转基因燕麦株系。

46. 中间试验怎么做？

以育种为目的转基因试验应尽早申报中间试验。通常在获得目标性状纯合的转基因燕麦植株的 T_1 或 T_2 代即可进行中间试验。每个中间试验可申报 1～20 个转化体。中间试验主要包括分子特征检测、目标性状检测、基因表达水平检测、农艺性状的初步考察等。目的是筛选具有产业化前景的燕麦转化体，确定优异转化事件。遵照农业农村部《农业转基因生物安全评价管理办法》执行。

47. 怎么申报转基因新品种？

遵照农业农村部《农业转基因生物安全评价管理办法》，

图 3-10 燕麦转基因新品种审定登记

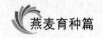

进行环境释放试验、生产试验、安全证书申报等工作。遵照国家标准（GB/T 30395—2013）《草品种审定技术规程》进行新品种申报工作。

四、种子生产技术

（一）燕麦种子生产重要性

48. 为什么要进行燕麦种子生产？

"国以农为本，农以种为先"。燕麦种子一般分为育种家种子、原种、良种三级。原种是指用育种家种子通过"三圃制"和"两圃制"等方法繁育原种，或按原种生产技术生产达到原种质量标准的种子。良种是用原种繁殖的1～3代种子，用于大田生产。种子生产是前承育种、后接推广的重要环节，没有种子生产，育成的新品种就不能在生产上大面积推广应用。种子生产要求所生产的种子遗传特性不变，产量潜力不降低，种子活力有保证，繁殖系数高。

图4-1　燕麦种子生产的重要性

49. 燕麦种子生产的任务是什么?

根据品种的区域适应性,在相应区域内由育种单位或育种家提供育种家种子繁殖原种,再有组织、有计划地交由种子生产基地、种子生产专业村或专业户生产良种,实行"一乡一品"或"一村一品",供生产应用。

燕麦种子生产的任务是:
生产优良品种的优质种子;
提高种子的纯度;
为大田生产服务

图4-2 燕麦种子生产的任务

(二) 燕麦种子生产的技术环节

50. 如何进行燕麦种子田地块选择?

燕麦种子田地块选择除自然生态条件要能满足生产燕麦种子的需要外,基地还要具有良好的光、温、土壤、排灌等基础条件。总的来说,土壤未受污染,土质肥沃,有机质含量高,pH6.8~7.8,保水保肥性好的土壤,排灌便利,阳光充足

（≥10℃有效积温 1 800～2 200℃）。燕麦忌连作，连作造成产量下降。应建立合理轮作倒茬制度。燕麦种子田前茬作物以油菜、马铃薯和豆类为宜，忌与其他麦类作物连作。

图 4-3　种子田地块选择

51. 播种前整地有什么要求?

对燕麦良种生产田精细整地要在前作收获后，犁翻 1～2 次，深 20～30cm，晒垡，耙耱。整地做到"细、平、松、深、净、墒"六个字。细：即耕作层内土壤是细碎的团粒结构，没有明显的大土块。平：指土壤表面平坦。松：指土壤表层要疏松，使土壤耕层呈表松下实的状态。深：指土壤耕作层要深厚，可储蓄更多的水分、养分和空气，有利于种子萌发、出苗以及根系和幼苗的生长发育。净：主要指整地后的土壤表层无毒杂草、残茬、病虫等。墒：指土壤墒情，即播种时土壤水分要适宜，土壤含水量 15%～25%。

图 4－4　整地

52. 如何进行品种选择?

在品种选择过程中，要结合当地气候条件，如无霜期短的高寒地区，应选择早熟、耐寒性强的燕麦品种；土壤瘠薄、施肥水平低的地区应选择耐瘠薄、适应性强的燕麦品种；地势低洼或盐碱地区应选择耐盐碱、耐湿、抗病性强的燕麦品种；在作物和品种间注意茬口与季节的衔接。如早茬应选择耐寒性强、适宜早播的品种；间套作地区适宜推广早熟、高产、株型紧凑、矮秆抗倒的品种。品种选择过程中主要选择通过全国草品种审定委员会或各省市草品种审定委员会审定登记的燕麦品种。现审定登记的燕麦品种主要有青引1号、青引2号、青海444、青海甜燕麦、青引3号、阿坝燕麦、陇燕3号和青燕1号等品种。

早茬应选择耐寒性强、适宜早播的品种

间套作地区，选择早熟、高产、株型紧凑、矮秆抗倒的品种

土壤瘠薄、施肥水平低的地区应选择耐瘠薄、适应性强的品种

无霜期短的高寒地区，应选择早熟、耐寒性强的品种

图 4-5　品种选择

53. 播种前对种子处理的方法有哪些？

燕麦种子处理是燕麦种子生产中的一个重要环节。播前种子处理可提高种子发芽率、杀灭种子所携带的病菌、预防苗期病虫害、增加幼苗营养、促进生长发育，从而利于实现苗全、苗齐、苗壮和增加燕麦产量的目的。燕麦种子播种前处理包括清选去杂、药物处理等措施。

（1）清选去杂

在使用播种机播种时，如果燕麦种子净度低、杂质多，会存在流动性差或流动不均匀，进而影响播种或播种质量的问题，造成缺苗断行。因此，在播种前应进行种子精选，选留粒大、饱满、均匀一致、发芽率高、发芽势强的种子，剔除小粒、秕粒、虫粒种子和杂质。

（2）晒种

播前将精选好的燕麦种子放到通风向阳的地方摊晒 2～

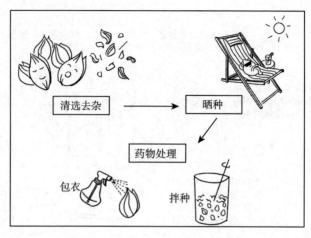

图 4-6　种子处理

3d，以促进酶体活性，增加种皮的透气性和透水性，杀死种子表面的病菌，提高种子发芽率和发芽势。燕麦种子通过播前晒种，可以提高发芽率，促进苗齐苗壮。

(3) 包衣

包衣是将药物、肥料、保水剂、生长调节剂和微生物制剂等物质包裹在种子表面的种子处理技术。经过包衣处理的种子，播种后能在土壤中建立一个适于种子萌发和幼苗生长的微环境。皮燕麦和裸燕麦对种衣剂及其拌种浓度的反应有很大不同，皮燕麦药种比 1∶20 是最佳处理，而裸燕麦药种比以 1∶（30～40）最佳。

(4) 拌种

药粉拌种简单易行。吡虫啉拌种皮燕麦在 300mL/50kg 时达到抗虫水平，吡虫啉拌种裸燕麦在 100mL/50kg 即发挥效力。噻虫嗪拌种皮燕麦和裸燕麦，在最低浓度 100mL/50kg 时就达到抗虫水平。用拌种双、多菌灵或甲基托布津以种子重量千分之三的用药量拌种，可防止燕麦坚黑穗病。

54. 种子生产田应该如何施肥？

燕麦在生长发育过程中，需要吸收多种有机及无机营养元素。这些营养物质，除来自土壤及其本身合成外，主要依靠施肥补给。其施肥方式有基肥、种肥和追肥三种方式。

(1) 应该施足基肥（底肥）

在燕麦种子生产过程中，一直认为燕麦是耐贫瘠、低产作物，不注重有机肥的施用，造成土壤有机质含量降低，今后燕麦生产过程中需施足有机肥，不断提高土壤肥力，使燕麦种子达到高产和优质。燕麦在种植过程中，基肥施农家肥或生物有机肥，一般每亩[*]施 2～3m³ 农家肥或每亩施生物有机肥 200～300kg 作基肥。

图 4 - 7　撒施生物有机肥

(2) 精准施用种肥

种肥是指播种或定植时，施于种子或秧苗附近或供给植物

---

[*] 亩为非法定计量单位，1 亩≈667m²，下同。

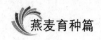

苗期营养的肥料。种肥在播种时施入，利用分层播种机与种子分层播种。一般种子田每亩施磷酸二铵 9～12kg，氯化钾每亩 4～5kg。

种肥：一般种子田每亩施磷酸二铵 9~12kg，氯化钾 4~5kg

图 4-8　精施种肥

(3) 分期追施氮肥

燕麦需肥的 3 个关键时期主要在分蘖期、拔节期和抽穗期，在此时给土壤补充一定数量的氮素养分，对燕麦的生长发育，形成高产具有重要意义。追肥一般宜用速效氮肥，如施用尿素则应提前 5～7d，追肥应结合中耕、降雨、结合灌溉施肥。在基肥和种肥施足的情况下，也可不追肥，以免过量施肥，使燕麦倒伏，造成减产。一般青海省燕麦种子田每亩施尿素 3～5kg 作追肥。

55. 如何对种子田进行播种？

种子田建议采用条播方式，行距 15～30cm。燕麦在 2～4℃时可发芽。幼苗的耐低温能力很强，可耐－4～－3℃低温。

燕麦不耐高温，超过 35℃即受害。根据燕麦的这一特性，以早播为宜。一般情况下，在土壤含水量达 10%以上，地温在 5℃以上时即可播种。在我国西北、华北、东北等主要产区，燕麦均为春播。从 4 月上旬至 6 月中旬，适宜播种期较长。华北地区 5 月 20—25 日播种，种子产量较高。青海地区 4 月 15—30 日播种，种子产量较高。

　　一般情况下，燕麦的播量可根据土壤肥力、水分条件确定。旱地裸燕麦播量一般为每亩 8～10kg，皮燕麦一般每亩播量在 12～15kg。整地质量好时采用播量下限，整地质量差时采用上限。土壤墒情好时采用播量下限，土壤墒情差时采用上限。气候条件好时采用播量下限，气候条件差时采用上限。

图 4-9　燕麦种子、化肥一体播种

　　影响种子顶土能力的因素包括种子大小和草种类型。一般而言，种子大，则储存的营养物质较多，因而顶土能力强。燕麦在轻质土壤中播种深度不超过 7cm，中质土壤中播种深度不超过 5cm，重质土壤中播种深度不超过 3cm。

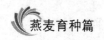

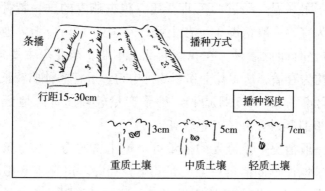

图 4-10　种子田播种方式和播种深度

　　播种前镇压有利于精确控制播种深度。播种后镇压使种子与土壤接触紧密，有利于种子吸水发芽。在气候干旱的北方地区，燕麦播种后需要镇压，以便提墒。质地疏松的土壤，播种前后常需镇压，以便控制播深和保证种子和土壤密接。黏性土壤潮湿时不宜镇压，否则容易造成土壤板结，阻碍种子顶土出苗。

图 4-11　种子田播种镇压一体机

56. 如何对种子田进行田间管理?

田间管理是燕麦生育期间的重要环节。田间管理的任务,就是根据燕麦生物学特性、外部形态表现以及不同生育阶段对环境条件的不同要求,及时采用相适应的技术措施,使之向有利于丰产方向的发展。

(1) 破除土表板结

播种后如遇降雨、土壤湿黏、播后灌溉等原因,土壤表层往往易形成板结层,妨碍种子顶土出苗,严重时可造成缺苗。破除板结的方法是用具有短齿的圆形镇压器轻度镇压,或用短齿钉齿耙轻度耙地。有灌溉条件的地方,可采取灌溉措施破除板结。

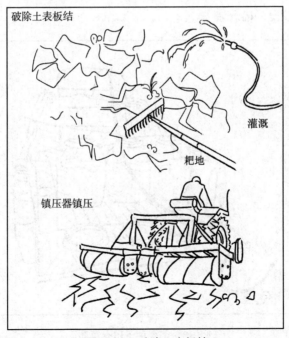

图 4-12　破除土表板结

（2）杂草防除

轮作倒茬是有效防治田间杂草的一个重要途径。燕麦田的杂草种类繁多，尤其是在连年种植禾本科作物的情况下发生较重。杂草防治常采用中耕除草和化学防除。在燕麦 4～5 叶期进行第一次中耕除草，这一时期应浅中耕，深度 3～5cm，避免伤害燕麦根系，以清除杂草，破除板结，还可增加土壤通透性，利于燕麦生长。如果杂草较少，或土壤状况不理想，可推迟中耕。在燕麦分蘖至拔节期，根据燕麦长势，进行第二次深中耕，其原则是深锄拔大草，促进次生根生长。

燕麦对除草剂反应较其他禾谷类作物敏感，使用不当会造成产量下降，影响经济收益，因此一定要慎用。燕麦田双子叶杂草一般在分蘖期使用除草剂防治，每公顷用阔叶净 225mL，兑水 375kg，稀释喷雾。

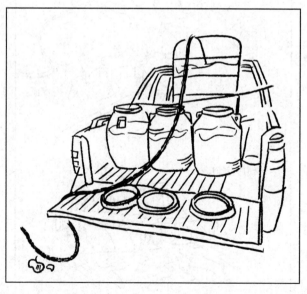

图 4-13 燕麦种子田杂草防除

(3) 合理灌溉

灌水可实现燕麦丰产。

图 4 - 14　合理灌溉

(4) 做好病虫害防治

燕麦种子田主要病害有红叶病、锈病和黑穗病，可用甲基托布津、多菌灵等防治。虫害主要有蚜虫、黏虫、蛴螬和蓟马等。蚜虫可用溴氰菊酯、吡虫啉等防治。黏虫可用 Bt 乳剂、抑制太保乳油防治。按照"预防为主，综合防治"的方针，当病虫害发生时，选用高效、低毒和低残留的农药防治，降低农药使用量，避免污染。

(5) 田间去杂去劣

燕麦在开花期种和品种的特征、特性已比较明显，该期是去杂去劣的较为有利时期，根据株型、叶型、穗型、小花形状和开花时间等进行鉴定除杂；成熟期种和品种特征、特性表现

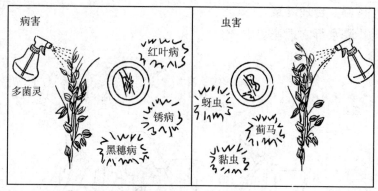

图 4 - 15　病虫害防治

最为明显，是去杂去劣的关键时期，根据穗部特征、植株高矮、成熟迟早进行检查去杂。不同生育时期分 3～4 次去除杂株、劣株，要求连根拔起和反复除杂，直到无杂株为止。对品种混杂严重的地块，则应坚决舍弃，不作种子田用。

图 4 - 16　去杂去劣

57. 如何对种子田进行收获？

种子收获在种子生产中是一项时间性很强的工作，需事先做好一切准备及相关组织工作。收获太早，因籽粒尚未成熟，干物质积累没有完成，不仅会降低种子活力、粒重、蛋白质和脂肪含量，而且由于成熟不好，青粒和秕粒较多，脱粒困难，进而造成浪费。收获太晚会造成种子的脱落损失。燕麦种子通常在穗下部籽粒进入蜡熟期，穗中上部籽粒进入完熟期时收获。适时收获对保证种子的产量和品质有重要作用。

　　燕麦的收获方法有分段收获和联合收获。分段收获就是指燕麦在蜡熟期，先用人工或割晒机将燕麦收割后，经过晾晒和后熟后，再进行脱粒。联合收获是指燕麦在完熟期，用联合收割机一次完成收割、脱粒、分离作业。在实际生产中，应根据燕麦种子的特点和天气状况，因地制宜，灵活应用分段收获和机械收获。在无特殊情况下，燕麦种子田收获以联合收获为佳。在收获过程中要防止机械混杂，最好一台联合收割机只收获一个品种。如果调配不开，对收割机的割台、种子仓等部件进行彻底清理，避免造成种子人为混杂。

图 4 - 17　平地燕麦种子联合收获

58. 为什么要进行种子的干燥?

　　刚收获的燕麦种子含水量高，如不及时干燥，会发生腐

烂、发霉、变质、发芽率降低。干燥可加速燕麦种子后熟,杀死有害微生物和害虫,是生产优质种子及贮存种子必不可少的措施。燕麦种子干燥的方法有自然干燥和人工干燥。燕麦种子的干燥以自然干燥为主,操作简便,干燥效果好,成本低。

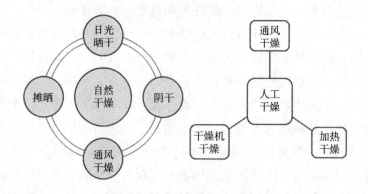

图4-18　燕麦种子干燥

59. 如何对收获的种子清选加工?

收获的燕麦种子或多或少都混杂有杂草种子、破损种子、茎叶碎片、灰土和砂石等。这些混杂物的存在,严重影响燕麦种子的质量。种子清选通常利用种子和混杂物物理特性的差异,利用专门的机械设备来完成。常用的清选方法有以下几种:

(1) 风选

利用燕麦种子与混杂物之间或种子本身悬浮速度的差异,借助气流除杂或分级的方法。混杂物的大小与种子的体积相差较大时,根据种子与混杂物在大小、外形和密度上的不同,用气流筛选机进行清选。

(2) 密度(比重)清选

根据燕麦种子间密度、容重、摩擦系数以及悬浮速度等物

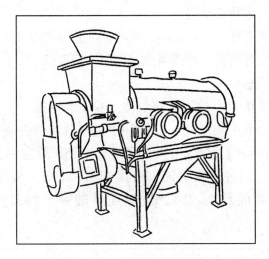

图 4 - 19　燕麦种子风选机

理性质的不同，利用它们在运动过程中产生的自动分级，借助适当的工作面进行清选。密度清选对大小、形状、表面特征相似的种子，其重量不同可用密度清选法分离。破损、发霉、虫蛀、皱缩的种子、沙粒、土块，大小与优质种子相似，但密度较小，利用密度清选设备效果较好。

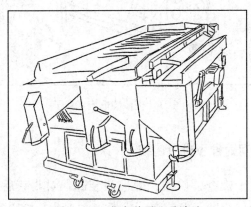

图 4 - 20　燕麦种子比重清选

（3）表面特征清选

根据燕麦种子和混杂物表面特征的差异进行清选。常用的设备为螺旋分离机、窝眼清选机和磁性分离机。

（4）筛选

利用被筛燕麦种子之间粒度（粒宽、厚度、长度）的差别，借助筛孔分离杂质，或将种子进行分级的方法。种子经筛选后，留在筛面的未穿孔种子称筛上物，穿过筛孔的种子称筛下物。通过一层筛面，可得到两种种子。筛孔大小影响种子过筛的尺度，因此应按照被筛种子的粒度大小来确定。

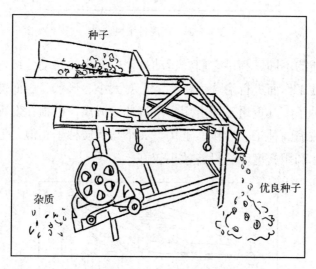

图 4-21　机械清选燕麦种子

60. 如何对种子进行包装?

为了便于检查、贮藏、搬运和装卸，对收获后经过干燥、清选和质量（净度、发芽率、生活力、水分）检验的燕麦种子应进行包装。包装要避免散漏、受闷返潮、品种混杂和种子污染。

(1) 种子要求

包装前必须对燕麦种子进行干燥、清选分级和质量检验，含水量高于12%的种子不得包装入库。清选分级按GB6142—2008《禾本科草种子质量分级》进行，质量检验按GB2930.1～2930.11—2001《牧草种子检验规程》进行。

(2) 包装材料

包装袋应用透气的麻袋、布袋或塑料编织袋，忌用不透气的或有毒有害的袋子。

(3) 包装定量

凡包装贮运的批量燕麦种子要"包装定量"。一律使用标准袋，每袋标准重量以50kg为宜，允许误差为±1%。

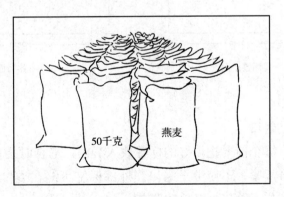

图4-22 燕麦种子定量包装

(4) 标签

包装袋内外都要有填写一致的种子标签。标签的标识内容包括：品种中文名称、拉丁学名、净重、质量等级、质量指标（含水量、纯净度、发芽率）、种子产地、收获日期、保存期、

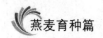

经销商名称、地址、电话等。

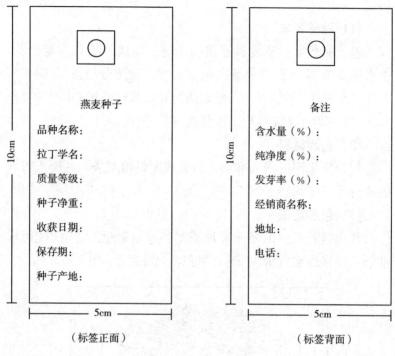

（标签正面）　　　　　　　　　（标签背面）

图 4 - 23　种子标签

（5）封口

袋口缝合前要把填好的标签放入袋内。缝合时袋口要卷 2层，缝合严紧，不使种子漏出。外部标签可缝在袋口的一角，或牢系在袋子缝口处，以防脱落。

61. 如何对种子进行贮藏?

燕麦种子质量（成熟度、含水量、生活力、完整性、健康状况、纯净度等）、贮藏条件（仓库构造、严密程度、隔热程度和仓内温度、湿度及通气性）的好坏及贮藏的正确与否，都会影响到燕麦种子的品质和寿命，从而严重影响到下一代种子的生产。通过适当贮藏，有效地控制各种生物因素的生命活动，削弱外界环境条件的不良影响，从而达到安全贮藏的目的。

（1）建库要求

种子仓库要选在地势较高、干燥、通风、冷凉、交通方便的地方，严防库址积水或地面渗水。仓房要牢固，有保温、隔热、透风性能。建造材料要能承受种子对地面和墙壁的压力。仓房内壁要平整，并用石灰刷白，不留缝隙，以便查清虫迹、杜绝害虫栖息。设防鼠和防雀装置，具有防鼠、防虫、防菌性能。仓房要配备专门的防尘、防火的电源插头、开关、电路起火预防系统（设备）及灭火器等，严防火灾的发生。

（2）入库前准备

做好仓库的清仓和消毒工作是防止品种混杂和病虫孳生的基础。种子入库前，要清除库内所有种子容器、搬运设备、散落种子、垃圾等，清除虫窝、鼠洞，墙面修补及粉刷，对仓库进行药剂熏蒸杀虫、消毒，施药后密闭门窗 48～72h，然后通风 24h，方可入库。

（3）入库

不同燕麦品种、不同质量等级的种子分别堆放，界限整齐、分明。堆放形式有非字形、品字形、井字形等。无论选用何种形式均要有利于空气流通，保持库内温、湿度均衡和出入库方便。种子袋要放在距墙壁 50cm 以上，垛与垛之间要留出 0.6m 以上的操作道。

（4）建档

燕麦种子入库时必须建立种子档案和填写标签。种子档案

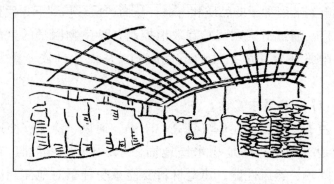

图 4-24　燕麦种子入库

记载种子采种史和种子的现状，内容包括：品种名称、包装件数、种子重量、繁种地点、收获日期、入库日期、种子鉴定结果（纯度、发芽率、含水量）、贮藏库号、库内位置、验收员、保管员、记案者签名等。标签挂在种子包或种子堆垛上，以避免品种混杂错乱，内容包括品种名称、生产地点、收获日期、种子净度、发芽率、水分及堆号。

表 4-1　燕麦种子入库档案登记表

序号	品种名称	包装件数	种子重量	繁种地点	收获日期	入库日期	种子鉴定结果（%）			贮藏库号	库内位置	验收员	保管员
							纯度	发芽率	含水量				
1													
2													
3													
4													
5													
6													

(5) 管理

燕麦种子贮藏期间管理人员要按制度做好定期检查和清洁卫生工作，防止病、虫、鼠、雀害发生，做好防火防盗工作。检查时要注意库内及垛内的温、湿度变化。必要时抽样检验种子含水量、发芽率和被虫蛀鼠咬的情况，写出报告，并及时处理解决。

62. 如何对种子进行运输?

运输燕麦种子时必须做好包装，以防种子受曝晒、受潮、受冻、受压或受机械损伤等，以保持种子旺盛活力。按种子批号附上"种子品种检验单""种子检疫证""发货明细表"等单据。在运输过程中，运输工具要清洁、干燥、无毒害物，并配有防风、防潮、防雨设备。同时运输两个以上品种种子时，要有明显的隔离标志，以防错乱混杂。

图 4-25　燕麦种子运输

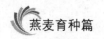
63. 如何对种子进行检验?

燕麦种子检验的内容包括种子真实性、品种纯度、净度、发芽率（生活力）、活力、千粒重、水分含量和健康状况等。其中，纯度、净度、发芽率和水分四项指标为种子质量分级的主要标准，是种子收购、种子贸易和经营分级定价的依据。燕麦种子检验必须按 GB2930.1～2930.11—2001《牧草种子检验规程》进行。品种纯度为划分种子质量级别的依据。净度、发芽率、水分各定一个指标，其中一项达不到指标的即为不合格种子。

(1) 纯度鉴定

燕麦品种纯度鉴定的方法可分为籽粒形态鉴定、幼苗鉴定、田间小区种植鉴定、物理化学法鉴定、生理生化法鉴定、分子生物学鉴定等。燕麦籽粒形态鉴定和田间小区植株鉴定是常用的燕麦品种纯度的鉴定方法。

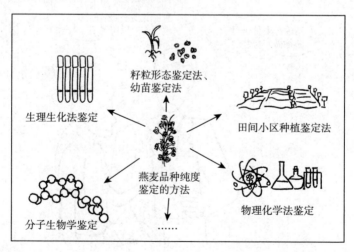

图 4-26 燕麦种子纯度鉴定

可根据种子大小，形状（披针形、纺锤形、锥形等）、颜色（黄色、乳黄色、褐色、黑褐色、红色等）深浅、光泽、种子表面附属物的有无多少（芒、茸毛等）及表面（网纹等）特性进行鉴定。

田间小区植株鉴定，是根据不同品种幼苗至成熟期间植株形态特征和生育特性的差异，如株高、株形、粒形、粒色、成熟期、抗病性和生长特性等，从而鉴定出异型植株。

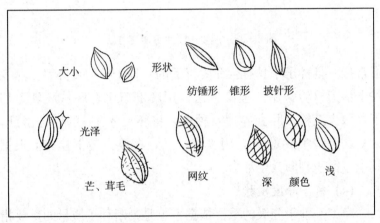

图 4-27 燕麦籽粒形态

（2）水分测定

种子水分又称种子含水量，指种子样品中含有水的重量占供检种子样品重量的百分率，是种子质量标准中的四大指标之一。种子水分的高低直接关系到种子包装、贮藏、运输的安全，对保持种子生活力十分重要。燕麦种子水分测定方法用高温烘干法，主要步骤有试样称取、烘干称重和结果计算。

（3）种子活力鉴定

生活力是指种子发芽的潜在能力或种胚所具有的生命力，

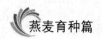

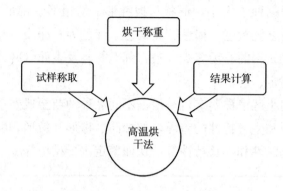

图 4-28 燕麦种子水分测定方法

通常指一批种子中具有生命力（活的）种子数的百分率。燕麦种子活力检验常用四唑染色法，用解剖刀将种胚从胚乳上切下，除去淀粉、胚乳碎片及种皮，将胚浸入1‰的四唑溶液，30℃在黑暗中放置5h，用水清洗后，在放大镜下检查，根据其染色面积判断其生活力。

（4）种子净度检验

净度是种子分级的重要依据，也是判断种子质量的重要指标。种子净度是指从被检种子样品中除去杂质和其他植物种子后，被检种子重量占样品总重量的百分率。

（5）发芽率检测

发芽率检测对燕麦种子生产经营和燕麦生产具有重要意义。发芽检测的目的是测定燕麦种子批的最大发芽潜力，了解燕麦种子的田间用价情况，对正确掌握种子的播种量、种子贸易、种子贮藏和运输都具有重要的参考价值。

试验结束后首先计算每一重复各次计数的正常种苗之和，之后计算正常种苗、不正常种苗、硬实种子、新鲜未发芽种子及死种子占供试种子的百分率。其中正常种苗的百分率为发芽

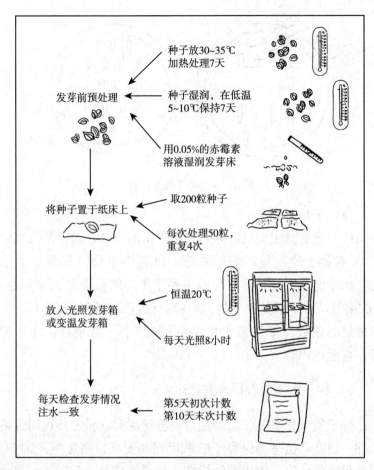

图 4 - 29 燕麦种子发芽方法

率。发芽率计算公式为：

$$发芽率(\%) = \frac{发芽终期全部正常种苗数}{供试种子数} \times 100$$

　　然后计算 4 次重复的平均数，计算至整数位。如 4 次重复
之间未超出最大容许误差，则结果可靠，如超出最大容许误
差，则再次试验。

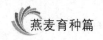
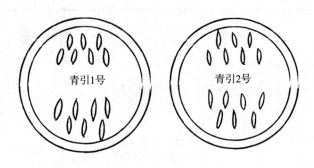

图 4 - 30　种子发芽试验

(6) 千粒重测定

种子重量测定指测定一定数量种子的重量，通常是指测定 1 000 粒种子的重量，即千粒重，以克为单位。其测定方法为，从净度分析后充分混合的净种子中，随机数取试验样品，3 次重复，每个重复种子为 500 粒，称重后保留两位小数，三份重量的差数与平均数之比不应超过 5%，若超过，需再取样，直至达到要求。

64. 种子质量分级标准是什么？

种子质量分级不仅是衡量草种质量优劣，确定其利用价值的统一尺度，也是确保种子贮藏运输的安全，衡量生产加工、贮藏和管理部门工作优劣的标准。种子的净度、发芽率、其他植物种子粒数及种子水分作为种子质量分级的主要依据。根据《禾本科草种子质量分级》（GB 6142—2008）中的规定，燕麦种子质量分级标准见表 4 - 2。生产中种子田用种必须达到分级标准规定的一级种子或二级种子要求。

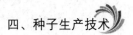

表 4 - 2　燕麦种子质量分级标准

级别	净度（%） ≥	发芽率（%） ≥	种子用价（%） ≥	其他植物种子 （粒/kg） ≤	水分（%） ≤
一级	98.0	95.0	88.2	200	12.0
二级	95.0	90.0	80.7	500	12.0
三级	90.0	85.0	72.0	1 000	12.0

参考文献

陈灵芝.1993.中国的生物多样性［M］.北京：科学出版社.

戴瑞强，张林，扈东青，等.2009.植物分子育种研究进展［J］.安徽农业科学，37（32）：15725-15727.

盖钧镒.1997.作物育种学各论［M］.北京：中国农业出版社.

郝建平，时侠清.2008.种子生产与经营管理［M］.北京：中国农业出版社.

贾继增.1996.分子标记种质资源鉴定和分子标记育种［J］.中国农业科学，29（4）：1-10.

蒋建平.2012.中国燕麦产业发展研究报告［M］.北京：中国科学技术出版社.

金善宝.1996.中国小麦学［M］.北京：中国农业出版社.

金文林.2003.种业产业化教程［M］.北京：中国农业出版社.

农业部牧草与草坪草种子质量监督检验测试中心（北京），2008.GB6142—2008 禾本科草种子质量分级［S］.北京：中国标准出版社.

农业部牧草与草坪草种子质量监督检验测试中心（兰州）.2001.GB2930.1～2930.11—2001 牧草种子检验规程［S］.北京：中国标准出版社.

潘莹，赵桂仿.1998.分子水平的遗传多样性及其测量方法［J］.西北植物学报，18（4）：645-653.

任长忠，崔林.2016.我国燕麦高效育种技术体系创建与应用［J］.中国农业科技导报，18（1）：1-6.

万士梅，蒯本科.1998. 外源基因（bar）在转基因燕麦（Avena sati-
va L.）后代中的遗传与表达［J］.复旦学报（自然科学版），37
（4）：450 - 454.

王迅婧.2012. 燕麦组织培养和农杆菌介导的燕麦遗传转化体系的建
立［D］. 长春：东北师范大学.

吴斌，郑殿升，等.2019. 燕麦分子育种研究进展［J］. 植物遗传资
源学报，20（3）：485 - 495.

许子斌，廖雨墨.1981. 春麦品种亲缘与杂交育种［M］. 哈尔滨：
黑龙江科学技术出版社.

负旭江，苏加楷，齐晓，等.2013. 草品种区域试验技术规程　禾本
科牧草［S］. 中华人民共和国农业部.

云锦凤.2001. 牧草及饲料作物育种学［M］. 北京：中国农业出版社.

张天真.2013. 作物育种学总论［M］. 北京：中国农业出版社.

赵桂仿.Francois F Philippe K.2000. 应用 RAPD 技术研究阿尔卑斯山
黄花茅居群内的遗传分化［J］. 植物分类学报，38（1）：64 - 70.

郑殿升，张宗文.2017. 中国燕麦种质资源国外引种与利用［J］. 植
物遗传资源学报，18（6）：1001 - 1005.

周青平.2014. 高原燕麦的栽培与管理［M］. 南京：凤凰科学技术
出版社.

朱立煌，徐吉臣，陈英，等.1994. 用分子标记定位一个未知的抗稻
瘟病基因［J］. 中国科学（B 辑）（24）：1048 - 1052.

图书在版编目（CIP）数据

苜蓿燕麦科普系列丛书．燕麦育种篇／负旭江总主
编；全国畜牧总站编．—北京：中国农业出版社，
2020.12
　　ISBN 978-7-109-27463-1

　　Ⅰ.①苜…　Ⅱ.①负…②全…　Ⅲ.①燕麦－育种
Ⅳ.①S541②S512.6

中国版本图书馆 CIP 数据核字（2020）第 195680 号

中国农业出版社出版
地址：北京市朝阳区麦子店街 18 号楼
邮编：100125
责任编辑：赵　刚
版式设计：王　晨　责任校对：赵　硕
印刷：中农印务有限公司
版次：2020 年 12 月第 1 版
印次：2020 年 12 月北京第 1 次印刷
发行：新华书店北京发行所
开本：880mm×1230mm　1/32
印张：3.25
字数：70 千字
定价：28.00 元